| 核 | 科 | 技 | 知 | 识 | 丛 | 书 |

辐射与防护

刘森林　王茂枝　等　编著

中国原子能出版社

图书在版编目（CIP）数据

辐射与防护 / 刘森林，王茂枝编著 . -- 北京 : 中国原子能出版社，2019.12（2024.11重印）
ISBN 978-7-5221-0350-1

Ⅰ . ①辐… Ⅱ . ①刘… ②王… Ⅲ . ①辐射防护
Ⅳ . ① TL7

中国版本图书馆 CIP 数据核字 (2019) 第 294536 号

辐射与防护

出版发行 中国原子能出版社（北京市海淀区阜成路43号 100048）
责任编辑 张 琳
责任校对 冯莲凤
责任印制 赵 明
印 刷 北京厚诚则铭印刷科技有限公司
经 销 全国新华书店
开 本 880 mm × 1230 mm 1/32
印 张 2.125 字 数 44千字
版 次 2019年12月第1版 2024年11月第1次印刷
书 号 ISBN 978-7-5221-0350-1 定 价 36.00元

网址：http://www.aep.com.cn/ E-mail: atomep123@126.com
发行电话：010-68452845

序言

核科学技术的出现、发展和应用是人类科技史上取得的重大成就，为我们打开了微观世界的大门。20世纪40年代以来，核科学技术理论体系逐步完善，核科技工业也随之发展起来，人类进入了开发和利用核能的新时代，核能在军事、能源、社会生活等许多领域产生了革命性的影响，生动地体现了科学技术作为第一生产力的重要作用。随着核科学技术的发展，公众对核科学技术也产生了浓厚的兴趣，但历史上美国、前苏联和日本三次核事故的发生再次给核科学技术蒙上了神秘的面纱，公众的“恐核心理”和核邻避效应由此而产生，不可避免地给核能和核技术的推广应用带来阻碍。

习近平总书记在2015年中国核工业创建六十周年之际指出，核工业是高科技战略产业，是国家安全的重要基石，要坚持安全发展、创新发展，坚持和平利用核能，全面提升核工业的核心竞争力，续写我国核工业新的辉煌篇章。为了更好地贯彻总书记的指示精神，做好民族自强的核脊梁，核工业人要自觉地张开核科技创新、核科学普及的“双翼”。一方面要进一步提高核安全保障和自主创新能力，勇于担当，积极推动核工业由大变强；另一方面要进一步加强核科普工作，提升核科学技术知识的普及率，让更多人科学而理性地认识、了解和接受核科学技术，从而为核工业的发展营造良好的社会氛围。

为此，中国核工业科技馆组织编写了核科技知识丛书，邀请相关领域的专家通过较为通俗易懂的语言介绍核科学技术的相关知识，希望引导公众科学、客观地了解核及其应用领域，尽力减少由于“不理解”而引发的误解。在此，对参与本套丛书编写的单位和专家表示衷心的感谢！

目 录

一、什么是辐射

辐射存在于一切物质之中，是物质世界客观的自然现象。我们人类就是在天然辐射环境中历经漫长的历史长河进化而出现的。而辐射看不见、摸不着、嗅不到，容易让人谈“核”色变。因此，了解一些辐射的基本知识是非常必要的。

辐射和电离辐射

辐射是指以电磁波（例如微波和X射线）或粒子（例如β射线和中子）的形式向周围空间或物质发射并在其中传播的能量。自然界中的一切物体，只要在绝对温度（相当于-273.15 °C）以上，都会产生热辐射，其传播形式即为电磁波。例如万物生长所必须的阳光是一种辐射，我们晒太阳是在接受辐射，患者在医院接受X射线诊断检查，接受质子、电子和中子治癌都是在接受辐射。

按照辐射所携带能量大小的不同，辐射分为电离辐射和非电离辐射（以电磁波为例，辐射应用实例如图1.1所示）。

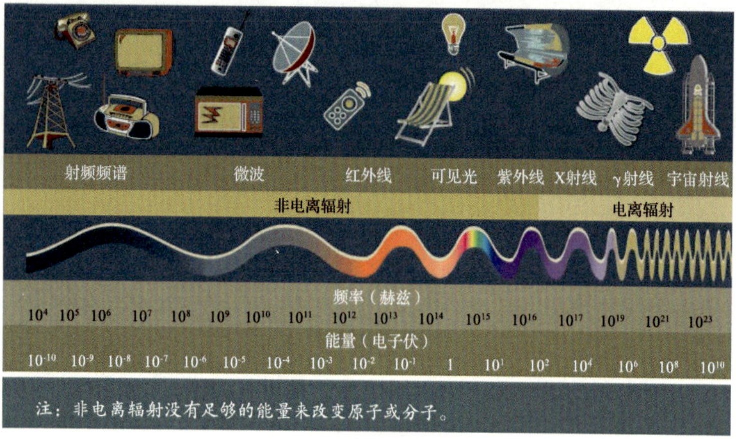

图1.1　辐射应用实例

电离辐射也称为核辐射，是指有足够的能量使物质的原子释放电子，从而使原子带有电荷的辐射。α射线、β射线、γ射线和中子辐射等都是电离辐射。

非电离辐射指低能电磁波，其能量低，不能使原子释放电子。其中长波长、低频率的电磁波具有较低的能量，反之则具有较高的能量。我们日常生活中的无线电波、微波、红外线、可见光及紫外线都属于非电离辐射。

下文中提到的术语“辐射”仅指电离辐射。

辐射基础知识

1.辐射从“核”而来

物质都由分子组成，分子由不同的原子组成，原子又是由原子核和核外电子组成。原子核仅占整个原子大小的十万分之一，但却占到了原子的几乎全部质量。

原子核通常是由质子和中子组成的粒子簇，粒子彼此紧紧依附在一起。质子带一个正电荷，中子不带电荷。质子数和中子数之和称为原子的质量数。具有一定质子数和一定中子数的一种原子称为核素，其中，具有相同质子数的一类原子总称化学元素，简称元素（如硼原子有5个质子，其结构和表示方法如图1.2所示）。

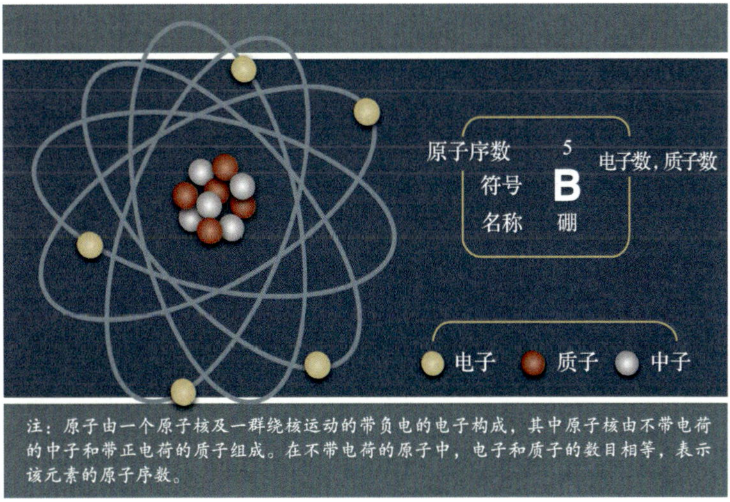

注：原子由一个原子核及一群绕核运动的带负电的电子构成，其中原子核由不带电荷的中子和带正电荷的质子组成。在不带电荷的原子中，电子和质子的数目相等，表示该元素的原子序数。

图1.2　原子示意图

具有相同质子数、不同中子数的核素称为同位素，在元素周期表中处于同一位置。同位素属于同一种元素，化学性质几乎相同，举个例子，氢有^{1}H（氢）、^{2}H（氘）、^{3}H（氚）3种原子，就是3种核素，它们的原子核中都只有1个质子，但分别有0、1、2个中子，这3种核素互称为同位素。由于互为同位素的核素的质量数是各不相同的，因此也可以简单地用元素符号及其质量数来表示，例如^{60}Co（钴）、^{131}I（碘）和^{137}Cs（铯）等。完整的原子通常既不带正电荷也不带负电荷，因为带正电荷数的质子数与带负电荷数的电子数相同。

当原子核的中子、质子数量在一定比例范围内，原子核是稳定的（如^{1}H、^{2}H），超过一定的比例，则原子核变得不稳定（如^{3}H）。世界上有一百多种元素，而核素则高达上千种，它们当中大部分是不稳定核素。不稳定核素能自发地转变成另一种核素，并以辐射的形式释放能量，这种核素称为放射性核素，这种现象称为放射性衰变。发射α粒子（^{4}He原子核，含有两个质子和两个中子）的衰变称为α衰变，发射电子（或发射正电子或俘获轨道电子）的衰变称为β衰变。通常，不稳定核素往往处于激发态，发射粒子后仍不足以平静下来，然后以电磁波形式释放能量，这种辐射称为γ射线。与γ射线一样，X射线也是电磁辐射，但是能量较低。

2.半衰期和衰变系

放射性衰变是一种自发的过程，单个原子核何时衰变是偶然的，而大量原子核的衰变服从统计规律，我们把某放射性核素衰变掉一半所经历的时间叫作该放射性核素的半衰期，可用于表示放射性衰变的快慢（如图1.3所示）。某放射性核素经过一个半衰期后，平均每100万个原子中有50万个原子转变为了别的核素。在下一个半衰期里，大约又有25万个原子发生衰变，如此下去，直到全部衰变为止。经过10个半衰期后，原有的100万个原子中就只剩有大约1 000个。

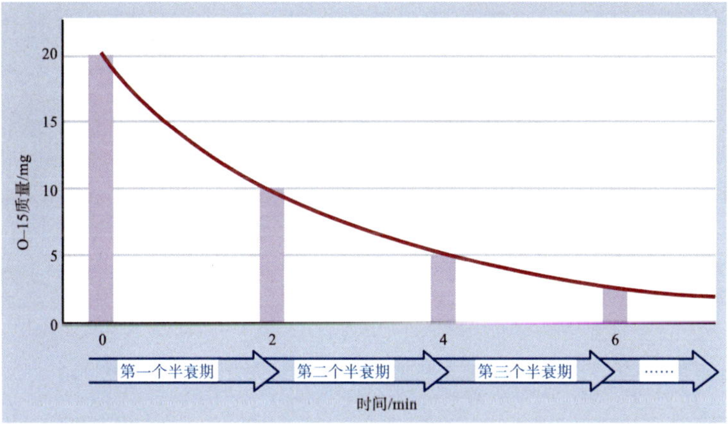

图1.3 半衰期示意图

地球年龄约为46亿年。经过了如此长的地质年代之后，那些半衰期比较短的核素都已衰变完了。目前，还存在于地球上的放射性核素都只能维系在三个处于长期平衡状态的放射性衰变系（也叫衰变链或衰变序列）中。这些衰变系的第一个核素的半衰期都很长，与地球年龄相近或比它更长。如钍系的钍-232，半衰期为1.41×10^{10}年；铀系的铀-238，半衰期为4.47×10^{9}年；锕-铀系的铀-235，半衰期为7.04×10^{8}年。如果三个放射性衰变系中的其他核素独立存在时，它们的衰变都较快，但当它们维系在衰变序列内时都伴随第一个核素的衰变而衰变，因而它们可以留存至今。这三个放射性衰变系中的核素，主要是通过α衰变、β衰变和γ衰变而衰减的，直到稳定核素为止。对于α衰变，质量数减少4、电荷数减少2，在元素周期表中将向前移动两个位置；对于β衰变，质量数不变，而电荷数增加1，在元素周期表中将向后移动一个位置；而对于γ衰变，质量数和电荷数都不变，因此在元素周期表中的位置不变。比如，铀-238（92个质子和146个中子）原子核首先发生α衰变，于是铀-238转变为钍-234（90个质子和144个中子）。钍-234也是不稳定的，但发生β衰变，从而转变为镤-234（91个质子和143个中子），此核素极其不稳定，很快转变为铀-234。铀-234继续衰变，直到最终成为稳定的铅-206（82个质子和124个中子）而结束（如图1.4所示）。

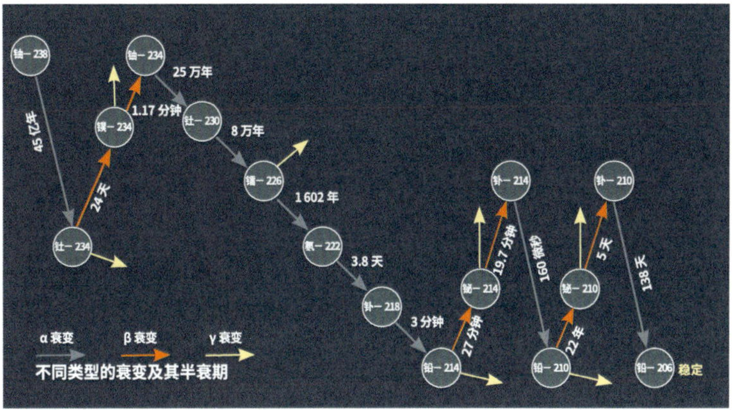

图1.4　铀-238的放射性衰变链

3.辐射的度量

我们用千克（kg）和吨（t）描述物质的质量，用米（m）和千米（km）来描述空间距离，那么辐射又是怎么描述的呢？

（1）活度

活度是描述放射性物质放射性现象最基本的量，指单位时间内构成某放射性物质的核素发生衰变的平均次数。为了纪念法国物理学家安东尼·亨利·贝克勒尔（图1.5）发现放射性现象这一突出贡献，人们将活度的单位命名为贝克勒尔，简称贝克（Bq），1贝克等于每秒1次衰变。活度还有一个旧的专用单位叫居里，用Ci表示，1 Ci=3.7×10^{10} Bq。

（2）吸收剂量

电离辐射与物质的相互作用是一种能量传递的过程，其结果是电离辐射的能量被受到照射的物质所吸收。为了纪念英国物理学家、放射生物学之父哈罗德·戈瑞（图1.6），人们用吸收剂量来度量受到照射物质吸收辐射能量的多少，其单位为戈瑞（Gy），1 Gy=1 J/kg（焦耳/千克）。

（3）有效剂量

同样的吸收剂量，如果辐射种类（例如α射线、β射线、γ射线）不同，受照射部位（例如肺、甲状腺、皮肤）不同，辐射所造成的效应就不一样。就如同用不同大小的刀去砍一棵大树，拿大刀和小刀，效果是不同的；用相同大小的刀，砍小枝和大枝，效果也是不同的。

人们利用有效剂量来衡量或比较不同射线对人体不同部位照射后对人体产生的总体影响大小。为了纪念瑞典医学物理学家罗尔夫·希沃特（图1.7），有效剂量的单位为希沃特（Sv），我们经常使用的有效剂量单位是毫希沃特（mSv），1 Sv=1 000 mSv。

图1.5　安东尼·亨利·贝克勒尔
（1952—1908）

图1.6　哈罗德·戈瑞
（1905—1965）

图1.7　罗尔夫·希沃特
（1896—1966）

放射性的发现

1895年，德国物理学家伦琴意外地发现了一件怪事，放在抽屉里、用黑纸包裹得很好的照相胶片总是自动感光。经过多次反复研究，终于发现了其中的奥秘。这种奇怪的现象原来是由阴极射线管里发出的一种射线造成的。这种射线穿透能力很强，纸张和木板都挡不住。因为对它的性质还不完全了解，伦琴便把它称为X射线（X射线管结构，如图1.8所示），俗称“X光”。伦琴由于该重大发现还被授予首届诺贝尔物理学奖。

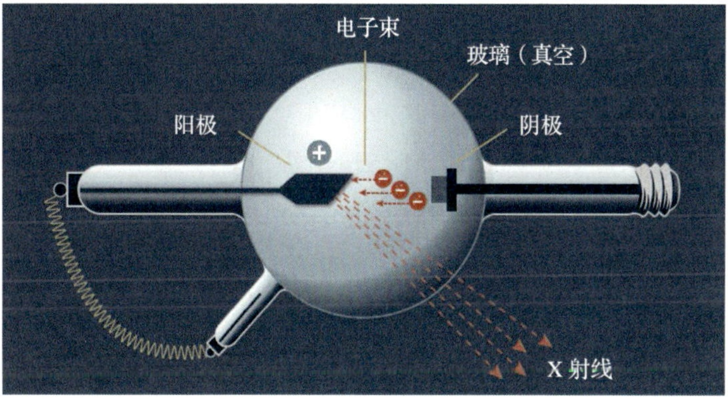

图1.8　X射线管

后来，伦琴拿一张用黑纸包好的照相胶片，放在阴极射线管旁边，然后让妻子把手放在胶片上，给阴极射线管通了电。不一会儿胶片冲出来了，伦琴的妻子一看，不禁大吃一惊，这是一张手上的骨骼清晰可见的手掌照相底片。于是，世界上第一张X射线照片诞生了（图1.9）。

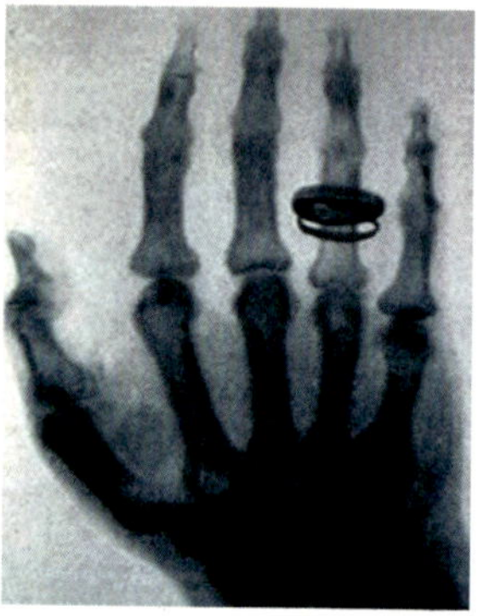

图1.9 伦琴和第一张X射线照片

伦琴在巴黎法国科学院宣读关于发现X射线的报告时，众多听众中有一位名叫贝克勒尔的法国物理学家，他在听过报告后，知道了阴极射线管在产生荧光的同时发射X射线，于是就反复思考着一个问题，即荧光（或磷光）与神奇的X射线间，究竟有什么内在的联系。

贝克勒尔在自己的实验室里开始试验荧光物质（或磷光）会不会辐射出一种看不见却能穿透厚纸使底片感光的类似X射线的射线。他试来试去，终于找到了一种物质具有预期效果，这种物质就是铀盐。

贝克勒尔设计了一个实验：他将感光的底片包裹在黑纸中，再将铀盐矿石置于黑纸上面，然后把它们一起拿到太阳下暴晒。贝克勒尔对冲洗出来的底片进行观察，发现底片上有许多雾状细斑点，这说明铀盐矿石所发出的射线能穿透纸张。贝克勒尔将黑纸换成薄的铝箔片及铜箔片，发现也能使底片曝光。

贝克勒尔继续实验时发生了意想不到的情况，原先计划的实验因天气变化而取消了。于是他将底片连同铀盐矿石一起放入抽屉中。在冲洗底片时，贝克勒尔觉得这些底片因为曝光时间不足，底片感光效果必然不好，但是结果却恰恰相反，曝光黑影非常清晰。贝克勒尔由此猜测，一定是矿石除了产生可见的磷光外，还能产生一种存在时间很长、强度远超过磷光的未知射线。这种未知射线能使底片在不经过太阳暴晒的情况下感光。

为继续探求问题真相，贝克勒尔又设计了一个实验。这次实验是将磷光铀盐矿石置于完全不透光的黑纸盒中，再将黑纸盒放置于暗室内很多天，如图1.10所示。贝克勒尔发现铀盐矿石已经不发出X射线，但是具有穿透性的射线依然存在，依旧能使底片感光。这项发现使得贝克勒尔大为振奋，他尝试分析其他成分不同的化合物，发现凡是含有铀的化合物，不论是磷光还是非磷光体，均会产生相同的放射现象，而这种来自大自然，不需借助阴极射线管，故贝克勒尔将它称为“天然射线”。

图1.10　实验示意图

贝克勒尔发现放射性这一自然现象虽然没有伦琴发现X射线那样轰动一时，但其意义却更为深远，此后的研究使人们认识到：在自然界中，有不稳定核素存在，它们的原子核可以自发衰变，同时释放出具有穿透力的射线。这一发现为后来的核科学发展开辟了道路，使人们对物质的微观结构有了更新的认识，并由此打开了原子核物理学的大门。

当时在巴黎大学求学的一位年轻女学生对贝克勒尔发现的射线产生了浓厚的兴趣，并决定把它作为自己的博士学位论文题目进行研究。她就是出生于波兰后来加入法国国籍的、历史上第一位两次获得诺贝尔奖的著名科学家、物理学家、化学家玛丽·居里。

1898年，居里夫妇（图1.11）在沥青铀矿里提取了一种灰白色的物质，它的化学性质和已知化学元素铋十分相似。居里夫人为了纪念自己的祖国波兰，就把这种新元素命名为“钋”。但随后他们发现，钋还不是沥青铀矿中强放射性的主要来源。他们在取得了更详细的实验结果后，发表了另一个重大发现，即找到了比铀的放射性比活度强二百多万倍的“镭”。

图1.11 居里夫妇

居里夫妇对放射性元素的发现和对新发现放射性元素卓有成效的研究工作，不但带来了其他许多重大发现，而且还开辟了核物理、核化学研究的新领域。为了表彰他们对核科学事业的伟大贡献，居里夫妇和贝克勒尔于1903年被一同授予了诺贝尔物理学奖。

常见的辐射类型及其贯穿本领

辐射的种类很多，常见的有α射线、β射线、X射线、γ射线和中子辐射等。存在形式可以是粒子，如α射线、β射线和中子等，也可以是电磁波，如X射线、γ射线等。因不同类型的辐射携带不同的能量，所以具有不同的贯穿本领（图1.12）。

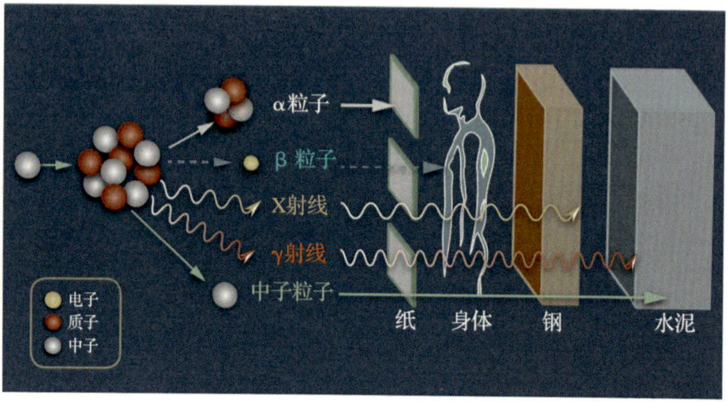

图1.12　不同类型辐射的贯穿本领

α射线是带电粒子流。α粒子是氦的原子核，由两个带正电荷的质子和两个不带电荷的中子组成。α射线有很强的电离本领，对人体组织破坏能力较大。然而α射线贯穿本领差，在空气中的射程只有几厘米，仅需一张纸或健康的皮肤就能挡住。

β射线是一种高速运动的电子流。β粒子带有一个单位的负电荷，质量轻。β射线电离本领比α射线小得多，但贯穿本领更强。对于同样能量的α射线和β射线，如果该α射线的射程是1厘米的话，那么该β射线的射程能够达到1 000厘米。β射线可以穿透1厘米或2厘米的生物组织，但很容易被铝箔、有机玻璃等材料吸收。

X射线和γ射线是光子，不带电，无静止质量，是波长很短的电磁波，两者的电离作用较弱，但穿透能力强，只有足够厚的屏障如铅板才能阻挡。

中子不带电，可以通过原子核裂变或核聚变产生，也可以通过人工方法从不稳定原子核中释放。作为宇宙射线的一种成分，中子也可以是天然存在的。因为中子是电中性的，所以它具有很强的贯穿本领。

二、辐射无处不在

自古以来，人类和地球上的其他物种就一直在天然辐射环境中生存和繁衍。在现实生活中，天然辐射无处不在，我们吃的食物、住的房屋、天空大地、山川草木，乃至人的身体都存在辐射（图2.1）。近一个多世纪以来，随着核科学技术的发展和应用，我们还受到了人工辐射源的照射。可靠数据表明，我们受到的辐射照射中，有80%以上来自天然辐射源，而来自人工辐射源的照射还不到20%，而且极大部分来自辐射的医学应用（图2.2）。

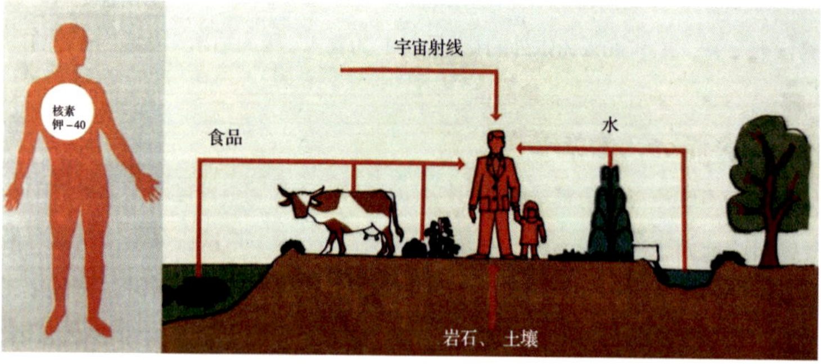

图2.1　天然辐射无处不在

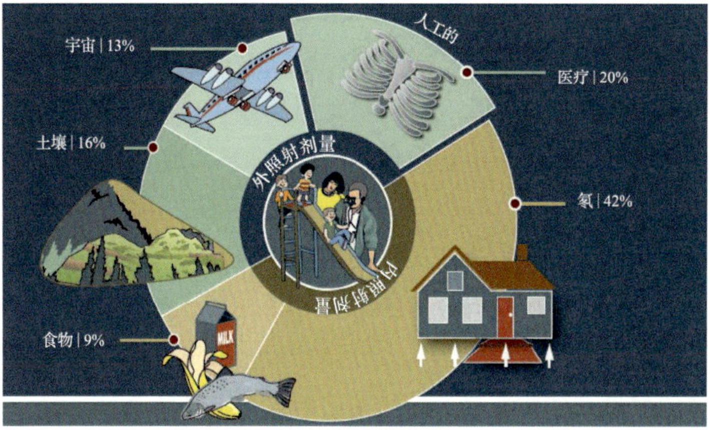

图2.2 辐射的分布

天然辐射源

天然辐射源指来自外太空的宇宙射线和宇生放射性核素以及存在于地球空气、食物等居住环境和人体内部的原生天然放射性核素所引起的各种辐射。我们受到的辐射照射大部分来自天然辐射源，与居住环境有关，全球人口平均年有效剂量约2.4毫希沃特，其范围大约是1~10毫希沃特；我国人口平均年有效剂量约3.1毫希沃特，高于全球平均值。

1.宇宙辐射源

宇宙射线大多来源于星际空间深处，其中一些是在太阳耀斑期间由太阳释放的。它们会直接照射地球，并与大气层发生相互作用，产生不同类型的辐射和放射性物质，如宇生放射性核素氢-3、碳-14、铍-7和钠-22等。地球大气层在一定程度上减少了宇宙射线，不过地球上有些地方受到的照射多于其他地方。由于宇宙射线被地磁场偏转到南北两极，因此南北两极受到的宇宙射线照射要多于赤道区域。

此外，由于上层空气稀薄难以形成屏蔽，照射水平会随着海拔高度而增长（图2.3）。居住在海平面的居民每年受到宇宙辐射源照射的有效剂量约0.3毫希沃特，约为天然辐射源照射总剂量的10%~15%。生活在海拔2 000米以上的人们受到的剂量是居住在海平面的人们的几倍。民航飞机乘客受到的剂量甚至会更高，这是因为来自宇宙辐射源的照射不仅与海拔高度有关，而且与航班飞行时间长短有关。比如，在民航飞行高度中飞行10小时的平均有效剂量为0.03~0.08毫希沃特。换句话说，从纽约到巴黎的往返航行中乘客受到的剂量为0.05毫希沃特。这个剂量近似等于一个患者接受常规胸部X射线检查所受到的有效剂量。虽然单个乘客在一次航空飞行中受到的有效剂量很低，但是所有乘客的集体有效剂量却相当高，因为乘客数量众多，航班遍布世界各地。

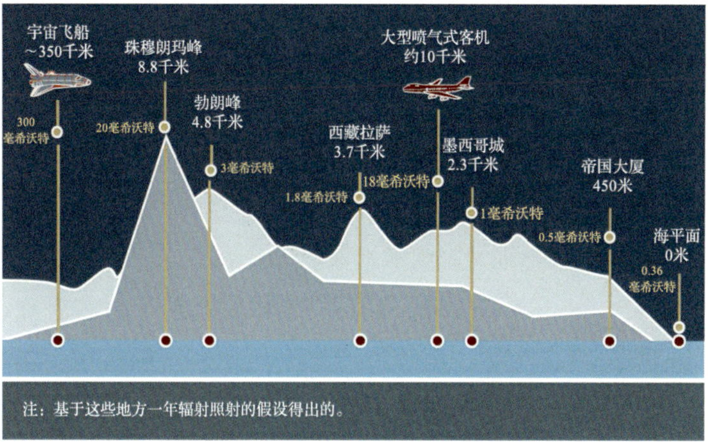

图2.3　来自宇宙辐射的年有效剂量

2.陆地辐射源

陆地外照射。地球内和地球上的万物都含有原生放射性核素。这些放射性核素寿命极长，存在于大地中，如钾-40、铀-238和钍-232以及由它们衰变产生的放射性核素镭-226和氡-222等，这些放射性核素早在地球形成以前就已经时时刻刻在发射辐射。据联合国原子辐射影响科学委员会估计，全世界人均每年受到陆地外照射剂量约为0.48毫希沃特，我国约为0.54毫希沃特。

外照射由于地理位置的不同而有着很大的区别。比如，法国、德国、意大利、日本和美国的研究表明，生活在这些国家95%的居民，每年受到室外外照射剂量在0.3~0.6毫希沃特。然而，在局部地区人们每年所受到的室外外照射剂量可能高于1毫希沃特。在其他的国家，陆地辐射源的照射水平可能还会更高。例如，在印度喀拉拉邦西南海岸，有一片人口稠密的55千米狭长土地，那里的沙子富含放射性核素钍，生活在当地的居民每年受到的外照射剂量约为3.8毫希沃特。在巴西、中国、伊朗、马达加斯加和尼日利亚等国家，也有一些高水平天然陆地辐射源地区。

氡照射。氡-222是一种以气体形式存在的放射性核素，通常来自土壤。氡-222产生于地球岩石和土壤中存在的铀-238衰变系。氡吸入人体后，其短寿命子体（主要是钋-218和钋-214）滞留在肺中，照射呼吸道细胞。由于吸烟与氡照射之间有着强烈的相互作用，所以吸烟者更易患癌症。氡已被国际癌症研究机构归为I类致癌因素，是导致肺癌的第二大诱因，仅次于吸烟。氡还被世界卫生组织列为19种主要的环境致癌物质之一。

氡广泛存在于空气中，可以通过地下室、地板及墙壁直接渗入到建筑物中，从而导致建筑物内氡的积累（图2.4）。当室内供暖时，热空气上升，空气通过窗户或孔隙从房屋顶部逸出，使底层和地下压力降低。这样就使得氡通过裂隙和孔隙（如各种管道入口周边）从地基下的土壤、地板及墙壁中快速析出。

全球室内氡浓度平均值约为每立方米50贝克。但是这个平均值掩盖了各地之间的巨大差异。总体而言，各国室内氡浓度平均值差异很大。在塞浦路斯、埃及和古巴等国家中不到每立方米10贝克，而在捷克共和国、芬兰和卢森堡各国则室内氡浓度平均值大于每立方米100贝克。在加拿大、瑞典和瑞士等一些国家，有些房屋内氡浓度平均值介于每立方米1 000～10 000贝克。不过，具有这么高水平氡浓度的房屋是少见的。引起这种差异的一些因素包括局部地区的地质状况、土壤渗透性、建筑材料和建筑物通风等因素。

其中，通风是一个关键的因素，它与气候有关。如果通风良好，如在热带气候地区中，室内氡的积累可能就不严重。但是在温带和寒冷的气候地区中，场所的通风往往不够充分，室内氡就可能大量积累。因此，在设计节能建筑物时，如何合理地限制通风是一个重要问题。许多国家已经开展了广泛的室内氡浓度测量，为实施室内氡浓度减少措施提供了依据。

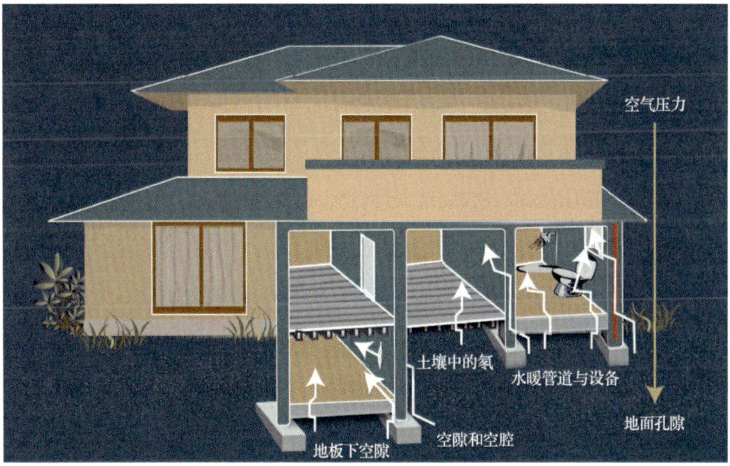

图2.4 氡进入建筑物

水中氡浓度水平通常都非常低，但是也有些高氡浓度的水源，如芬兰赫尔辛基的深井水和美国阿肯色州的温泉。水中氡会加剧空气中氡的积累，特别是在浴室中淋浴时会出现这种情况。然而，联合国原子辐射影响科学委员会的评估结论是通过饮用水摄入的氡比空气吸入的氡的剂量要小得多。该委员会认为，因氡及其子体所致全球居民人均年有效剂量是1.3毫希沃特，我国人均年有效剂量约为1.6毫希沃特，均约为所有天然辐射源所致居民年有效剂量的50%。

食物和饮用水食入内照射。食品和饮用水中可能含有某些原生放射性核素和其他一些放射性核素，它们主要来源于天然辐射源。放射性核素可以通过岩石、土壤和水中的矿物质转移到植物，然后再转移到动物。因此，人类因食物和饮用水所受到的有效剂量的变化，不仅取决于食物和饮用水中放射性核素的浓度，还取决于当地居民的饮食习惯。例如，鱼和水生贝壳类生物含有相对较高的铅-210和钋-210，大量食用海鲜的人所受到的辐射照射可能略高于一般人群的辐射照射。居住在北极地区的人消费大量的驯鹿肉，他们所受到的辐射照射也比较高。在北极地区，放牧驯鹿的地衣中积累有钋-210，从而导致放牧驯鹿体内也含有较高的钋-210。据联合国原子辐射影响科学委员会估计，食物和饮用水中天然辐射源所致全球居民人均年有效剂量是0.3毫希沃特，主要来自钾-40及铀-238和钍-232天然放射系中的放射性核素。

3.人体内钾-40

人体本身含有的放射性核素钾-40也是一种天然辐射源。众所周知，人体是由细胞构成的，细胞是由碳、氢、氧、氮、钠、钾、钙、镁等许许多多的元素组成的。一个成人体内约有100克钾元素，其中万分之一是天然放射性同位素钾-40。钾-40衰变将发射β射线和γ射线，半衰期为12.6亿年。钾-40衰变所发射的射线约有50%被人体组织自吸收了，另外的50%则将辐射出人体外部。一个成人每年受到自身体内钾-40照射的有效剂量约为0.14毫希沃特。

4.小结

上述这些天然辐射源构成了人们常说的“天然本底照射”。在天然辐射源照射中，以氡产生的人类辐射照射为最大。天然辐射源照射水平随时间的变化较小，但随地域、环境的变化较大，例如纬度高的地区、地势高的地方，或者在洞穴中、在地下室里，或居住在花岗岩、煤渣砖房屋中的人们，所受到的天然辐射源照射往往会要高一些。

人工辐射源

自科学家揭秘原子辐射以来，核与辐射技术在过去近一百年里得到广泛的研究、开发及其实际应用，包括医疗（如癌症诊疗）、核试验（如核武器）、电力生产（如核电厂）、工业（如钴源辐照装置）和家庭应用（如烟雾探测器）等。

与天然辐射源相比较，正常时人工辐射源对人类及其环境产生的辐射照射要小得多。这主要是因为人工辐射源的应用通常都是在严格的法规制度和严密的控制措施下进行的。

1.医学应用

对于公众来说，医疗照射是主要的人工辐射源。平均而言，医学照射贡献了所有人工辐射源照射的98%，是继天然辐射源之后对全球居民照射的第二大来源。医疗照射指接受治疗或诊断时患者或被检查者所受到的辐射照射。辐射的医学应用可以分为三大类：放射诊断、放射治疗和核医学。在医学中所应用的辐射种类很多，包括诊断X射线、计算机断层扫描（CT扫描）、介入放射学和重离子治癌等（图2.5）。

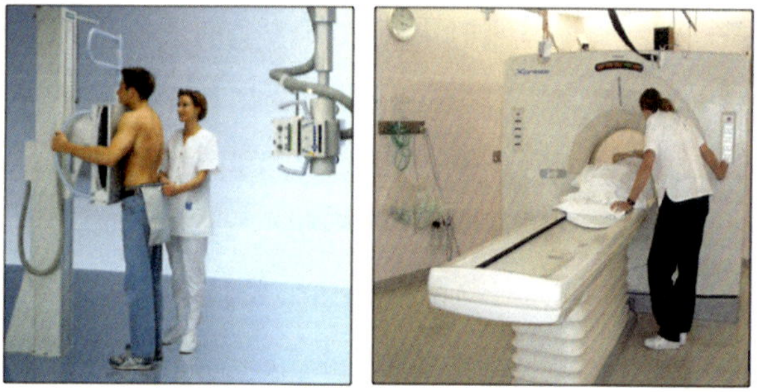

图2.5　医学应用

放射诊断是用X射线获得影像进行分析的技术。如普通X射线照相检查（胸片和牙片）、荧光透视检查（钡餐和灌肠剂）和CT扫描。但超声和核磁共振成像不涉及电离辐射，不属于放射诊断。介入放射学指使用最小侵袭性（微创）影像引导程序来诊断和治疗疾病，如在血管中引导植入导管。由于CT的广泛使用和每次检查所产生的剂量，放射诊断程序所致全球人均有效剂量从1988年的0.35毫希沃特，上升至2008年的0.62毫希沃特，几乎翻了一倍，放射性诊断所致集体有效剂量也增加了至少一倍，如图2.6所示。

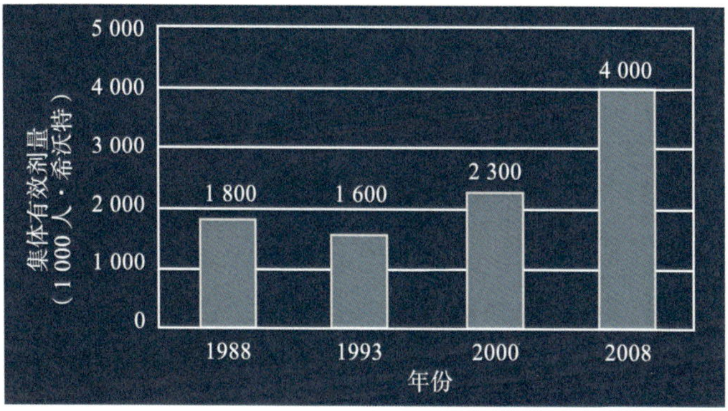

图2.6　放射性诊断所致全球照射剂量（1988—2008年）

放射治疗（简称放疗）利用辐射来治疗各种疾病，通常是治疗癌症，也用于治疗良性肿瘤。放疗会使一些正常细胞受到破坏，但大多数都会恢复。放疗可分为远距离放疗和近距离放疗。远距离放疗指用患者体外的辐射源（如含源治疗机和加速器）治疗疾病，近距离放疗指将辐射源放置在患者体内治疗疾病。放疗治癌在医疗界已得到广泛的应用，但实际上接受放疗的人还是少数。在大多数国家，放射治疗对群体产生的人均剂量远低于放射诊断。

核医学是将非密封的放射性物质引入体内，用于获取人体有关结构和器官功能的信息，有时也用于治疗疾病，如治疗甲状腺功能亢进和甲状腺癌等。一般情况下，将放射性核素制成可以静脉注射或口服的放射性药物，然后利用药物中放射性核素发出的射线产生诊断影像或治疗疾病，如图2.7所示。

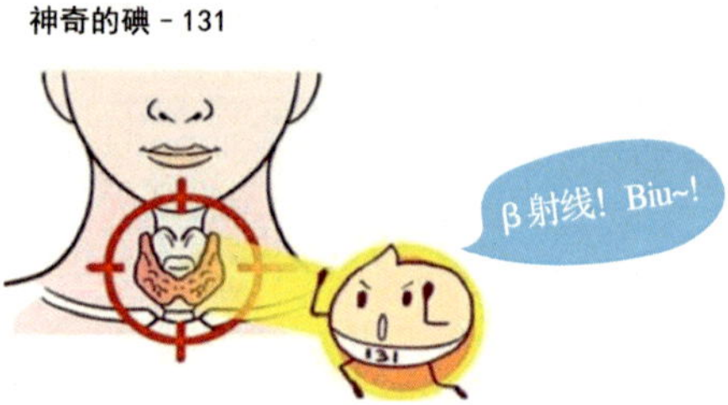

图2.7　碘-131治疗

在世界范围内，核医学应用的分布相当不均匀，90%发生在工业化国家。不过，随着人类生活水平和医疗水平的提高，其应用频率呈现明显的增长趋势，如图2.8所示。

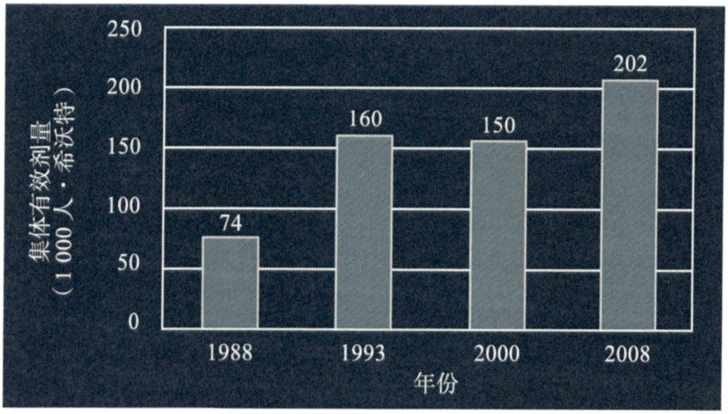

图2.8　核医学所致全球照射剂量（1988—2008年）

2.核试验

1945年8月6日和8月9日两颗原子弹分别投掷到日本广岛和长崎。两颗原子弹的爆炸致使将近13万人死亡，这是历史上在战争中仅有的两次使用核武器的事件。之后世界各国在大气中进行了多次核武器试验（简称核试验），主要分布在北半球。最活跃的试验期是1952—1962年，总共进行了大约500次核试验，总威力为430兆吨TNT当量。核试验沉降物或落下灰是指核爆炸引起的、沉降到地球表面上的放射性灰状物。

核武器大气层试验产生的落下灰所致全球人均年有效剂量的最高估算值出现在1963年，约为0.11毫希沃特，后来逐渐降低到现在的水平，约0.005毫希沃特，远低于公众所受到的天然辐射源照射，而且这种照射在未来还将缓慢地下降。

地面核试验产生的落下灰，其中多达50%的沉积在试验场100千米范围内，居住在试验场附近的人们会受到当地落下灰的照射，如图2.9所示。然而，由于试验是在相对偏远的地区进行，当地受到照射的居民群体很少，没有对全球集体有效剂量构成明显贡献。

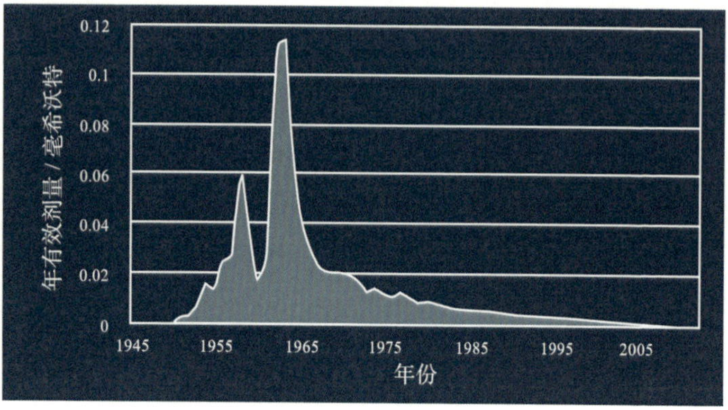

图2.9　核试验落下灰所致全球人均剂量

3.核反应堆和核电站

用中子轰击铀或钚的某些同位素，可使这些原子核分裂为两个更小的原子核，并释放出两个或多个中子，同时释放出能量，这一过程称为核裂变。释放出的中子再轰击其他铀或钚原子核，继续发生核裂变，释放出更多的中子，这些中子再继续轰击更多的铀或钚原子核，这种过程称为链式反应。

动力核反应堆中核裂变所释放的能量，可用于核电站生产电能。各种研究性核反应堆，既可用于核物理和生物学研究，也可用于核燃料、材料性能考验和试验，还可用于生产医学和工业用的放射性同位素等。

正常运行情况下，核电站对全球辐射照射的贡献是微乎其微的。由于技术的不断进步和更加严格的辐射防护措施，核反应堆正常排放的总照射水平在下降。总的来说，各类核设施的排放引起的辐射剂量是非常低的。居住在核电站周围的居民受到的年平均有效剂量约为0.000 1毫希沃特。

核反应堆卸出的乏燃料（核反应堆内“燃烧”过的核燃料）可以进行后处理，将其中某些放射性核素回收再利用。这是核工业流程中的一部分，如图2.10所示。目前我国低中水平放射性废物在国家规定的符合核安全要求的场所实行近地表或者中等深度处置；后处理产生的高放废物（高水平放射性废物）和未经后处理的乏燃料都暂存起来，但最终还需要进行处置。在废物得到适当处置的情况下，对公众的照射是极小的。

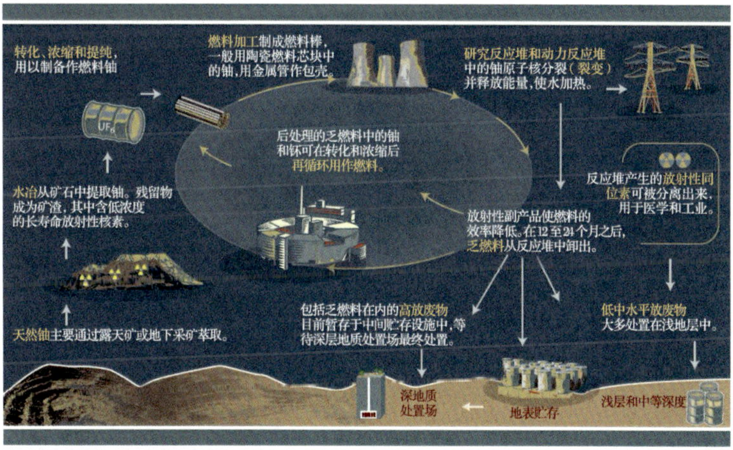

图2.10　核工业主要流程

在发生切尔诺贝利核电站事故之前，人类最严重的民用核设施事故是1979年3月28日发生在美国的三哩岛核电站事故。在该事故中因一系列事件导致核反应堆堆芯部分熔化，大量的裂变产物和其他放射性核素从受损的核反应堆堆芯释放到安全壳厂房内，由于最重要的碘同位素被溶解到冷却水内，因此环境释放很少，对公众的辐射照射也非常小。

1986年4月26日发生在苏联的切尔诺贝利核电站事故和2011年3月11日发生在日本的福岛第一核电站事故，是迄今为止全球发生的最严重的两起核事故，它们对周边环境和社会心理造成了严重的影响。但评价表明，其对全球人均的辐射照射，小于天然本底照射的千分之一。详细情况可查阅相关资料。

4.工业和其他应用

辐射源有着广泛的工业用途。这些用途包括用于医药产品灭菌、食品贮藏保存和病虫害消除的工业辐照装置；用以检查焊缝缺陷的工业照相；用作应急出入口标志和地图照明灯的α或β发射体；在测井活动中用于测量矿物、石油、天然气勘探的、测量钻孔中地质特性的辐射源或小型X射线机；在测量材料厚度（图2.11）、水分、密度和料位的装置中使用的辐射源；以及科学研究中使用的其他密封源。

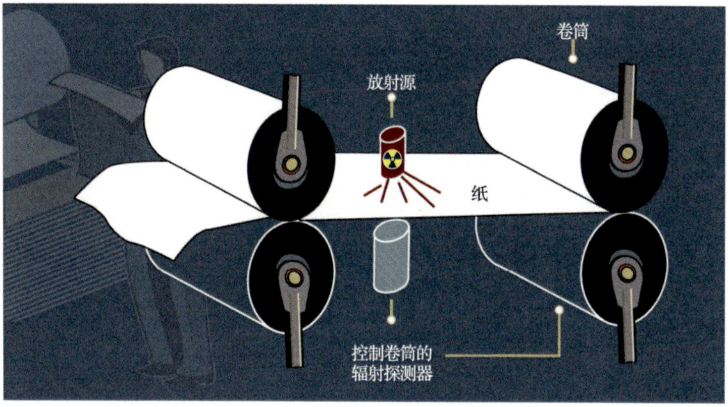

图2.11　辐射测厚装置

虽然辐射源有着广泛的用途，但是工业及其他领域实践中使用的放射性核素的生产对公众的辐射照射水平却非常低。然而，在事故情况下，局部区域可能受到污染，也可能引起较高水平照射。

与工业辐射源相关的事故比核电站发生的事故更为常见，主要指使用辐射源、X射线和加速器等的工业设施发生的事故。在1945—2007年全球报道了80起这类事故，见表2.1。这些事故可能会对工作人员和公众造成明显的辐射照射，需要引起足够的重视。

表2.1 全球严重辐射事故的估算值

事故类型	1945—1965	1966—1986	1987—2007
核高施事故	19	12	4
工业事故	2	50	28
失控源事故	3	15	16
科学研究中的事故	2	16	4
医疗事故	未知	18	14

注：基于正式报道的或公布的事故数。预计未报道的事故数要大得多，特别是医疗事故。

丢失、被盗和废弃的辐射源称为失控源。由于辐射源的包装容器光滑光亮，看上去似乎是由贵重金属制成，且上面可能没有辐射警示标志，因此对公众尤其是从事废旧金属交易的人们来说是有吸引力的。在无危险意识的工作人员或公众破坏辐射源的案例中，有些导致了严重辐射损伤，甚至死亡。例如1987年巴西戈亚尼亚事故：一台废弃的、装有强放射性铯-137源的远程治疗机被偷，辐射源包装盒被砸开。在接下来的两周内，辐射源粉末扩散到整个废品收购站及周边环境，造成很多人辐射损伤。这起事故最终导致4人死亡，其中包括一名儿童。

5.日常生活应用

为了利用某些特殊的化学性质或放射性性质，一些低水平放射性核素经慎重考虑后添加到了日常使用的产品中。历史上发光消费品中使用最多的放射性核素是镭-226。但最近几十年已经不再使用镭-226，而采用放射性毒性较小的钷-147和氢-3（氚）代替。即使如此，含氚化合物的钟表或手表由于移动性强也存在氚泄漏问题。好在氚只发射非常弱的β射线，皮肤都不能穿透，不会对人体产生辐射损伤。氚只有在进入人体后才需要考虑对人体的辐射照射影响。

现在有很多烟雾探测器使用了小片辐射源镅-241，镅-241发射α射线，产生恒定粒子流。周围空气可以自由进入探测器，如果烟雾进入探测器，则干扰粒子流，触发报警，如图2.12所示。

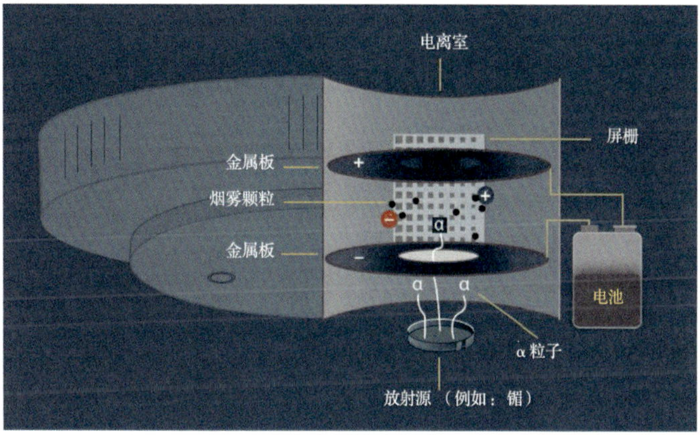

图2.12　辐射烟雾探测器结构示意图

烟雾探测器中的镅-241源半衰期为432年，衰变非常缓慢，也就是说这类探测器在使用10年后仍然基本保留原有的全部活度。根据国家法规要求、装在烟雾探测器中的放射源的活度非常低，发射的α射线穿透能力非常弱，一张纸就可以挡住，因此镅-241源只要保留在探测器中，其对人的照射就小得可以忽略不计。

6.其他

（1）天然放射性物质

在世界各地还有几种类型的设施或活动，虽然它们与核能的利用没有关系，但其工业产品、副产品和残留物中的天然放射性物质（NORM）的活度浓度却增加了，这可能会使公众受到增强的辐射照射，例如矿物的开采和加工、地热能开发（图2.13）等。

图2.13　地热开发利用

（2）吸烟的辐射影响

烟草中含有钋-210、铅-210、镭-226等放射性核素，主要是放射性核素钋-210。因此，吸烟也会对人体产生辐射影响。钋是一种天然放射性核素，衰变时发射α射线，穿透能力弱，但具有较强的电离本领。钋-210会随烟气进入人体产生内照射。烟草中之所以会存在钋-210，主要是由于土壤中的核素被烟草吸收，并富集在烟叶中。

公众和工作人员受到的辐射照射

总的来讲，在公众受到的所有辐射照射中，天然辐射源是主要来源。根据联合国原子辐射影响科学委员会的估计，个体所受到的年均有效剂量约为3毫希沃特，其中2.4毫希沃特来自天然辐射源，0.65毫希沃特来自人工辐射源（图2.14）。天然辐射源中有三分之二来自人们呼吸的空气、吃的食品和饮用的水中的放射性物质。人工辐射源的主要来源为医学照射，医学照射水平又随国家和地区的不同而不同。

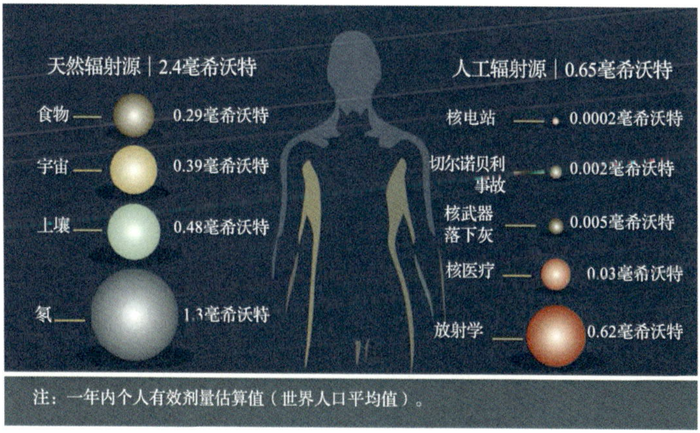

图2.14　辐射源所致公众的平均照射剂量*

受到人工辐射源照射的工作人员中，每4个就有3个从事医疗行业，其个人年均有效剂量约为0.5毫希沃特。

20世纪90年代以前，对工作人员受到辐射照射的关注主要集中在人工辐射源。如今人们认识到很大一批工作人员受到的照射主要来自天然辐射源，例如采矿行业的一些工作人员，对于他们来说，氡气的吸入是工作场所的主要辐射源。虽然井下铀矿中氡的释放对核工业职业照射贡献很大，但整个核工业工作人员人均有效剂量从20世纪70年代的4.4毫希沃特下降到了今天的1毫希沃特，而煤矿工人的年均有效剂量仍然是2.4毫希沃特，其他类型矿山工人的剂量约为3毫希沃特。

全球工作人员辐射照射趋势表明（如表2.2所示），天然辐射源照射呈现增加的趋势，人工辐射源照射呈下降的趋势。究其原因，天然辐射源照射的增加主要是因为近年增加了对矿山开采的关注，而人工辐射源照射的下降是因为有效实施了辐射防护措施。

表2.2　全球工作人员辐射照射趋势（毫希沃特）*

时间段	20世纪70年代	20世纪80年代	20世纪90年代	21世纪前十年
天然源				
航空机组人员	—	3.0	3.0	3.0
煤矿开采	—	0.9	0.7	2.4
其他矿山开采**	—	1.0	2.7	3.0
其他	—	6.0	4.8	4.8
人均合计	—	1.7	1.8	2.9
人工源				
医学应用	0.8	0.6	0.3	0.5
核工业	4.4	3.7	1.8	1.0
其他行业	1.6	1.4	0.5	0.3
其他	1.1	0.6	0.2	0.1
人均合计	1.7	1.4	0.6	0.5

注：*工作人员一年内受到的平均有效剂量估算值。
**铀矿开采包括在核工业中。

三、辐射对人体的影响

本书开头讲到，辐射分为电离辐射和非电离辐射。能量较低的电磁辐射，如无线电波、微波、红外线、可见光和紫外线，属于非电离辐射，它们对人体的主要影响是热效应，例如在强烈的阳光下会产生被太阳灼伤的感觉，这就是太阳光对人体产生的热效应。日常生活中常见的手机、电脑等，所用的电磁波频段主要是无线电波和微波，虽然其能量较低，但国家也制定有相关标准要求对它作出适当防护。

对于电离辐射，它们具有电离的特性，对人体的影响不再仅限于热效应，而是直接或间接对人体细胞产生损伤，过量照射对人体健康有害。还记得上文提到的核科学先驱吗，我们可以通过他们先了解一下这种高能辐射对人体的危害。贝克勒尔因将一小瓶镭装在衣服口袋里而使皮肤受到了损伤；伦琴1923年死于肠癌；居里夫人1934年死于血液病，这些都可能与早期防护不足、受到过量照射有关。

由于越来越多地认识到辐射照射伴随着风险，20世纪人们开始深入研究辐射对人类和环境的影响。辐射可以产生细胞水平的效应，通常是对染色体中脱氧核糖核酸（DNA）链产生直接或间接损伤而导致细胞的损伤、改变或死亡（如图3.1所示）。有些损伤可以完全修复，有些不能修复则可能会引起改变（称为细胞畸变），最终可能致癌。如果被改变的细胞将遗传信息传递给后代，则可能会发生遗传疾病。如果损伤或死亡的细胞数目足够多，则可引起器官功能障碍，甚至死亡。

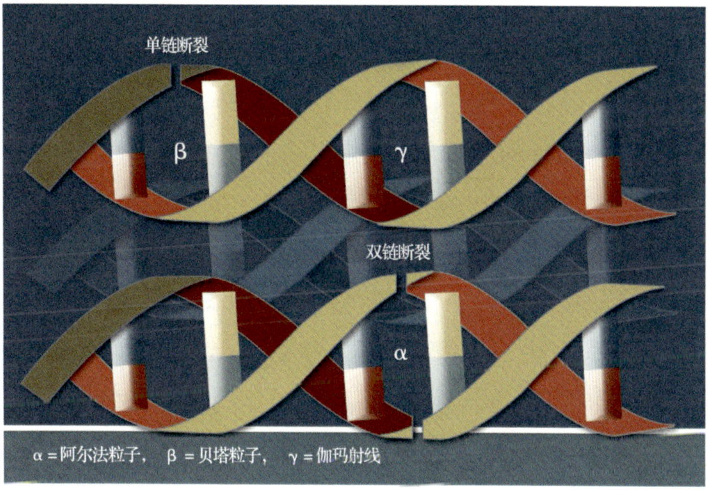

图3.1　辐射对DNA链造成的损害

根据对这些现象的观察，辐射照射后的健康效应可分为早期健康效应和延迟健康效应。通常，早期健康效应通过个体临床症状诊断就能明显地看到，而延迟健康效应（如癌症）则要通过观察群体中发病率的变化来研究。此外，辐射对儿童、胚胎和胎儿的效应（遗传效应）也应特别关注。

辐射与细胞的相互作用

电离辐射具有较高能量，能与人体细胞产生相互作用，从而可能对人体健康产生伤害，这种伤害可分为直接伤害和间接伤害（见图3.2）。直接伤害就是辐射直接作用在生物分子上，造成生物分子的损伤；间接伤害是指细胞内的水分子吸收辐射能量，水分子发生变化并会形成对染色体有害的化学物质，进而对生物分子造成伤害。

产生辐射损伤的过程很复杂，通常认为有四个阶段：

（1）最初的物理阶段。只持续很短的时间，约10^{-16}秒，在这一瞬间能量沉积在细胞内并引起电离。

（2）物理-化学阶段。大约持续10^{-6}秒，在这期间，离子在水中将产生多种反应产物，如自由基和强氧化剂。

（3）化学阶段。持续几秒钟，在此期间，反应产物与细胞的重要有机分子相互作用。自由基和氧化剂可能破坏构成染色体的复杂分子。例如，它们可能附着于分子上并破坏长分子链中的键。

（4）生物阶段。在这个阶段，时间跨度可从几十分钟持续到几十年，这要看特定的症状而定。

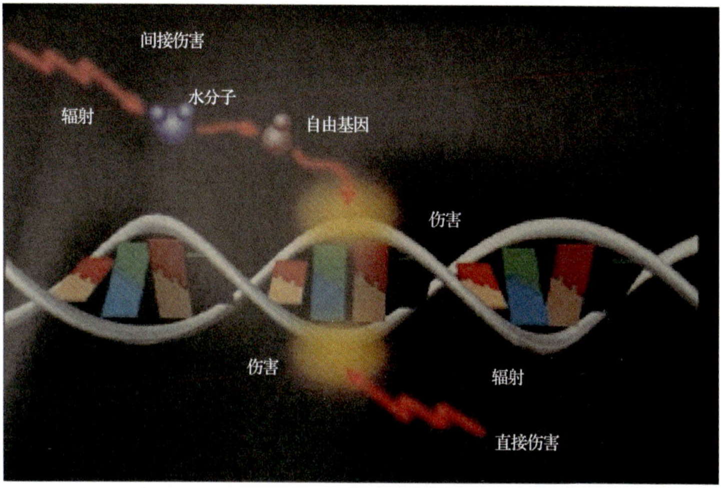

图3.2　直接伤害和间接伤害

细胞受到辐射损伤后可能导致细胞早期死亡、阻止或延迟细胞分裂以及细胞的永久性变形，并可能延续到子代细胞。在人体内，这些变化能显示出临床症状，如放射病、白内障或较长时间后出现的癌症。不过，小剂量的辐射照射引起的细胞内各种损伤会常常被细胞自身修复，不会对身体健康产生不良的影响。

辐射的生物效应

无论来自体外的辐射源，还是来自体内的放射性物质，其辐射作用于人体都可能导致生物效应。目前国际上公认的辐射生物效应总结见表3.1。

表3.1 辐射生物效应

一次受照射剂量	对人体的影响
小于 100 毫希沃特	无影响
100 ~ 250 毫希沃特	观察不到临床反应，或反应不明显
250 ~ 500 毫希沃特	可能引起血液变化，但无严重伤害，可恢复
500 ~ 1000 毫希沃特	血液发生变化，且有一定损伤，但无倦怠感
1000 ~ 2000 毫希沃特	有损伤，发生轻度急性放射病（如乏力、不适等），易治愈
2000 ~ 4000 毫希沃特	有明显损伤，能引起中度急性放射病（如头昏、乏力、恶心等），能够治愈
4000 ~ 5000 毫希沃特	能引起重度急性放射病（如多次呕吐、腹泻等），经治疗后有 50% 受照射者能恢复，但仍有 50% 受照射者 30 天内死亡
大于 6000 毫希沃特	引起严重放射病（如腹泻、休克等），可能致死

辐射生物效应分类：按效应的性质分类，可分为随机效应和确定效应；按产生效应的时间，可分为早期健康效应和晚期健康效应；按效应作用的对象，可分为躯体效应（包括早期健康效应和晚期健康效应）和遗传效应。

1.随机效应和确定效应

根据效应发生率与剂量之间的关系，将生物效应分为随机效应和确定效应。

随机效应是指效应的严重程度与受到照射的剂量大小无

关，但其发生概率取决于所受剂量的那些效应。随机效应以随机方式发生在受照射群体或其后代中，而且发生效应的概率与该群体所接受的剂量大小有关，但其严重程度则与剂量大小无关，不存在剂量阈值。

确定效应是指效应的严重程度与受到照射的剂量有关的那些效应。确定效应存在剂量阈值，即只有剂量超过某一特定值时，机体才会发生效应。而且效应的严重程度与所受剂量的大小有关，剂量越大后果越严重（图3.3）。

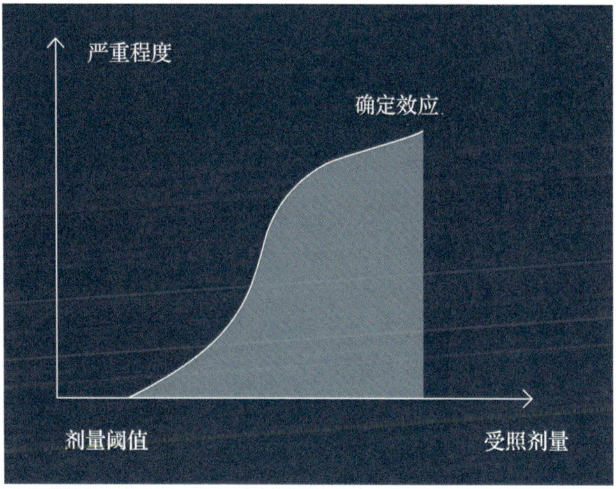

图3.3　确定效应

2.早期健康效应

早期健康效应是指受到照射之后几个小时到几周内就会出现的躯体效应，呈现如皮肤烧伤、脱发和生育能力障碍等症状，如图3.4所示，属于确定效应。早期健康效应一般是急性大剂量照射导致细胞大量死亡或损伤引起的，如短期急剧受到1 000毫希沃特以上照射时，可能在几个小时之后出现恶心和呕吐，还可能引起白血球、血小板减少等；如一次受到5 000毫戈瑞以上照射时，皮肤会出现线斑和脱毛；受到大于几十戈瑞以上的照射时会损伤中枢神经系统，导致受照射者几天内死亡。

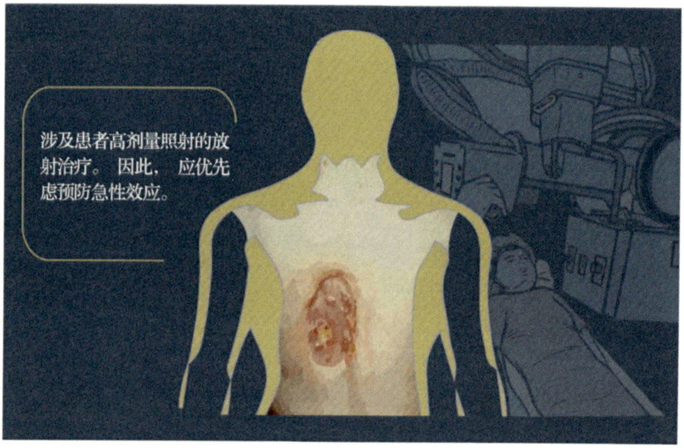

图3.4　医疗事故照射

一般情况下，全身受到500~1000毫希沃特照射时，人体反应通常较小，个别人会有恶心、呕吐反应。

核工业正常运行引起的辐射照射远远低于产生躯体早期效应的水平，只有在发生概率极小的重大核事故中才有可能急剧地受到大剂量照射。

基于辐射可以直接损伤细胞DNA，癌症治疗使用辐射杀死癌细胞，即放射治疗（图3.5）。在放射治疗中所使用的总辐射剂量因所治疗的癌症类型和阶段不同而不同。治疗实体肿瘤所用的典型剂量是20~80戈瑞，这种剂量如果作为单次剂量给与患者会危及生命，因此除了要尽一切可能保护正常组织少受或免受照射以外，还必须分次给给予照射，每次最大2戈瑞。剂量分次给予既可以使正常组织得到修复的同时又可以杀死肿瘤细胞。这是因为肿瘤细胞在辐射照射后修复效率较低。

图3.5　肿瘤的放射治疗

3.晚期健康效应

把潜伏期较长的躯体效应称为晚期健康效应，主要是指受到照射6个月后出现的机体变化。一般来说，晚期健康效应也是随机效应，在临床上的主要表现有各种癌症、白血病和后代身上的遗传疾病等。这些效应被认为是由于受到照射后细胞遗传物质的改变引起的。在辐射照射后的几年里，首先出现的是白血病、甲状腺癌和骨癌，而其他癌症有时需要至少10年，甚至几十年后才会显现出来（图3.6）。

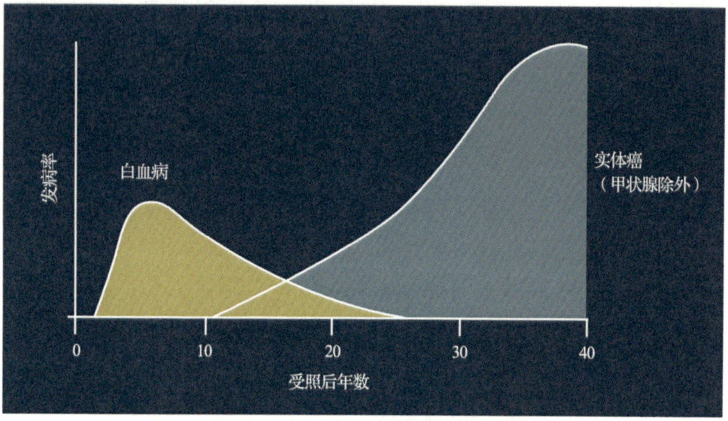

图3.6　辐射照射后的癌症病发率

由于晚期健康效应的潜伏期较长，还很容易与其他因素，如工业污染、化学药物或长期不良生活习惯所引起的效应相混淆，因而不能确切地判明引起效应的原因。同时，由于核工业只有几十年的历史，尚未积累大量可靠的资料和足够的实验数据，特别是在较小剂量和剂量率条件下，更缺乏令人信服的资料，因此不能给出有关晚期健康效应与器官或组织剂量的严格对应关系。

流行病学研究对于认识辐射照射后的晚期健康效应非常重要。这种研究用统计学方法，将受到照射群体中的健康效应（如癌症）的发病率与未受到照射群体（对照组）中的发病率加以比较。如果发现在受到照射群体中发病率有显著增加，那么就整个群体而言可以认为效应是与辐射照射有关。

4.遗传效应

如果辐射损伤发生在生殖细胞（精子或卵子）中，那么可导致对后代的遗传效应。与晚期健康效应一样，遗传基因的变化或突变，既可由辐射诱发，也可由其他因素诱发，辐射可能只是增加了遗传效应的发生概率。

5.其他健康效应

心脏的高剂量照射会增加心血管疾病（如心脏病发作）的发病概率。这样的照射可能在放射治疗期间发生，但现在的治疗技术所需要的心脏剂量较低。对于心脏的低剂量照射，目前还没有科学证据证明会引起心血管疾病。

白内障发病率在切尔诺贝利事故应急响应工作人员身上发现有所增加，这可能与受到高剂量照射有关。另外，还有研究表明，高剂量辐射照射抑制了免疫系统，主要是因为淋巴细胞受到了辐射损伤。

6.对胚胎或胎儿的效应

摄入体内的放射性物质（内照射），或体外辐射源（外照射）都可能使母体内的胚胎或胎儿受到照射，如图3.7所示。由于胎儿受子宫的保护，其所受剂量往往低于母亲，然而，胚胎和胎儿对辐射特别敏感，可能导致生长迟缓、畸形和脑功能受损等严重后果。

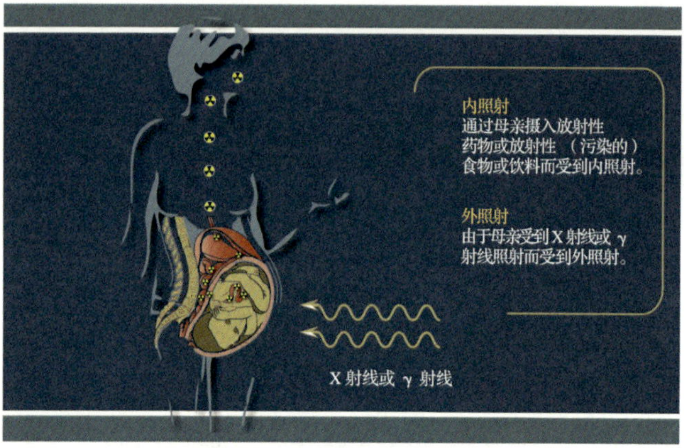

图3.7　胚胎受辐照照射的路径

有人会问那给孕妇穿上防辐射服是不是就可以防辐射呢，其实，对于核辐射（电离辐射），例如想要屏蔽X/γ辐射，需要用铅这样的重金属来遮挡，防辐射服几乎不能起到屏蔽作用；对于日常生活中常见的电磁辐射（来自手机、电脑、微波炉、电磁炉等电子或家电产品），目前的研究尚未发现它们会对人体健康具有可观测到的影响，而且它们不是单一辐射源，通常遍布于整个空间，穿戴防辐射服的作用不大。

7.对儿童的效应

人类健康效应取决于许多物理因素。由于存在解剖和生理差异，辐射照射对儿童的影响和对成人的影响是不同的。由于儿童身材矮小，体表组织的屏蔽较少，在给定外照射条件下儿童体内器官受到的剂量高于成人。而且由于身材矮于成人，因而他们受到地面沉积的放射性核素的照射剂量也较高。

至于内照射，由于儿童身材矮小，内部器官相对紧密，所以浓集在一个器官内的放射性核素对其他器官的照射比成人相对较多。还有许多其他与年龄有关的因素，涉及代谢作用和生理机能，使得不同的年龄之间有实质性差别。例如，摄入相同数量的放射性碘-131，婴儿甲状腺受到的剂量比成人受到的剂量高9倍。

影响辐射生物效应的因素

影响辐射效应的因素有很多，基本上可以归纳为两个方面，一是与辐射有关，称为物理因素；二是与机体有关，称为生物因素。

1.物理因素

物理因素主要是指：辐射类型、剂量、剂量率及分次照射、照射部位及照射面积和照射的几何条件等。

（1）不同类型辐射的危害

不同类型辐射及其穿透能力的有关情况可参考第一章最后一节。电离辐射对人体的危害主要在于辐射能量导致构成人体组织的细胞受到损伤，不同类型的辐射对人体的危害情况也不同。

α粒子质量大、电荷多，在物质中的射程很短。能量最大的α粒子在空气中的射程只有几厘米，很难穿透人体体表的角质层。因此，α辐射源几乎不存在外照射危害问题。但α辐射源一旦通过吸入或食入进入人体，短射程这一特点就显得不寻常了。此时α辐射源被人体组织所包围，损伤几乎集中在α辐射源附近。若α辐射源沉积在体内某一器官，其能量可被该器官全部吸收，导致其受到严重损伤。因此，α粒子的内照射危害需要特别重视。

β粒子在空气中的射程较大，可以穿透1厘米或2厘米的生物组织。只有能量较高的β粒子才能穿透人体皮肤进入浅表组织，但整体上讲β粒子的外照射危害也较小。

X射线和γ射线在空气和其他物质中的射程相对较大，穿透能力强。远处的γ辐射源也会危害人体组织。因此，就外照射而言，相对于α、β粒子，γ射线具有更大的危害性。

中子不带电，跟γ射线类似，不论在空气还是其他物质中射程都较大，对人体的危害主要是外照射。中子引起内照射的机会极小，不论是天然中子源还是人工中子源，进入人体的机会都极小。

对于以上几种常见的辐射，就其相对危害而言，α和β辐射的潜在危害主要来自其内照射；而γ射线和中子辐射的潜在危害主要是外照射。

（2）剂量率与分次照射

通常，对单次照射，在剂量率相同的情况下，受照射时间越长生物效应则越显著。同时，生物效应与照射的情况有关，一次大剂量急性照射与总剂量相同下的分次照射相比，产生的生物效应会有很大不同。通常分次越多，各次照射之间间隔时间越长，生物效应越小。

（3）照射的几何条件

不同的照射条件所造成的生物效应也会有差异，如辐射的角分布、空间分布以及辐射能谱，还有机体在受到照射时的姿势和受到照射的面积等。

除以上所述之外，在发生内照射的情况下，生物效应还取决于进入体内的放射性核素的种类、数量，以及它们的物理化学性质、在体内的沉积部位和滞留时间等。

2.生物因素

辐射生物学研究表明，不同的细胞、组织、器官或个体对辐射的敏感度是不同的。就不同生物种系而言，机体结构越复杂，对辐射的敏感性越高；对人类而言，随着年龄增长，对辐射的敏感性会逐渐降低。

因为人体的不同器官或组织对辐射的敏感性不同，所以辐射损伤与人体受到照射部位密切相关。表3.2给出了人体组织或器官的权重因数。

表3.2 人体组织或器官的权重因数

序号	组织或器官	权重因数
1	红骨髓	0.12
	结肠	0.12
	肺	0.12
	胃	0.12
	乳腺	0.12
2	性腺	0.08
3	膀胱	0.04
	肝	0.04
	食道	0.04
	甲状腺	0.04
4	皮肤	0.01
	骨表面	0.01
	脑	0.01
	唾腺	0.01
5	其余组织或器官	0.12
合计		1.0

注：数据引自国际放射防护委员会第103号出版物。

权重因数表示不同器官或组织对辐射照射的敏感性，数值越大意味着更容易受到辐射的伤害。从表3.2中可以看出人体性腺、红骨髓和结肠的权重因数较大。调查研究表明，当人体受到长期较高剂量电离辐射照射时，最容易产生病变的是生殖系统和造血功能。

四、辐射的安全防护措施

已经初步认识了辐射、辐射来源和辐射对人体的危害，那么我们要怎样对辐射进行防护呢？

辐射防护的基本原则

辐射防护的目的，是要在不过分限制有益于人类的照射相关活动的情况下，为防止辐射对人类和环境产生有害效应提出一个适当的防护水平。

因此辐射防护的目的主要是保护人类健康，其健康目标就是要对电离辐射进行管理和控制，以防止确定效应，并使随机效应的危害降低到可合理达到的程度。

为了达到辐射防护的目的，辐射防护必须遵循三项基本原则：正当性、最优化和个人剂量限制。

（1）正当性原则。任何改变照射情况的决定都应当是利大于弊，才被判断为是正当的。这意味着改变了照射情况，例如增加新的辐射源，减少现存照射或降低潜在照射的危险，利弊权衡，人们能够取得足够的个人或社会利益以弥补其引起的损害。这里所考虑的后果应当不限于辐射危害，还应包括其他危险的代价及利益。

（2）防护的最优化原则。对于来自一项拟议或计划的实践或活动中的任一特定源的照射，应使电离辐射防护与辐射源的安全最优化，在考虑到经济和社会因素的条件下，采取各种防护与安全措施，使个人受到照射的剂量、受到照射的人数以及受到照射的可能性均保持在可合理达到的尽可能低的水平，即ALARA（As Low As Reasonably Achievable）原则。

防护的最优化并非是剂量的最小化，最优化的防护是细致、全面地对辐射危害和人类及环境保护可利用资源进行权衡的结果。因此，最佳的选择未必是剂量最低的选择。

（3）个人剂量限制原则。个人剂量限制包括剂量限值、计量约束和参考水平。剂量限值和剂量约束适用于计划照射情况（患者的医疗照射除外）；参考水平适用于其他照射情况（应急照射和现存照射）。其中剂量限值是指对个人受到的照射剂量进行限制，以保证个人受到的所有照射实践或活动的剂量总和不超过规定的限值。

对于计划照射情况下的职业照射，国际放射防护委员会建议剂量限值表述为：在限定的5年内平均有效剂量20毫希沃特（5年内100毫希沃特），且进一步的规定是任何一年的有效剂量不得超过50毫希沃特。对于计划照射情况下的公众照射，国际放射防护委员会建议剂量限值表述为：1年内有效剂量1毫希沃特。

外照射防护

简言之，外照射就是辐射源在体外对人体造成的照射。外照射对个人所造成的剂量取决于照射时间、与辐射源的距离和辐射屏蔽的程度。相应地，降低外照射的方法主要有以下几种。时间防护：尽可能减少在辐射源附近停留的时间；距离屏蔽：尽可能增大与放射源之间的距离；屏蔽防护：选取适当的屏蔽材料（如混凝土、铁或铅等）做成屏蔽体置于人体和辐射源之间（图4.1和图4.2）。在实际应用中，通常将上述3种防护手段进行组合使用。

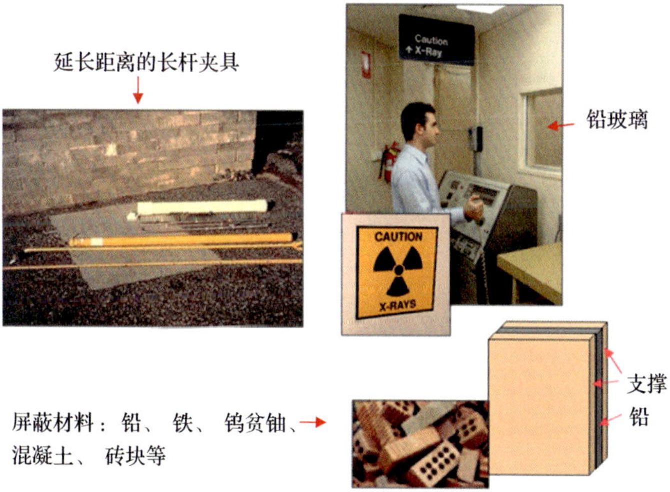

图4.1 屏蔽材料例举

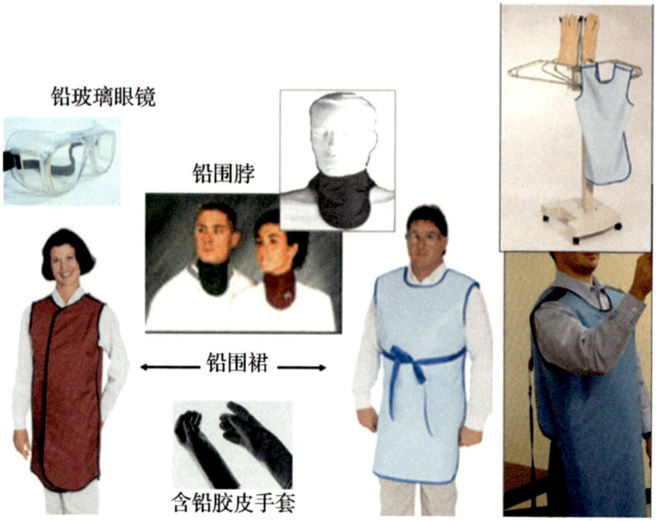

图4.2　工作人员辐射防护用品

对于屏蔽体材料的选择，应根据辐射源的类型来进行设计。一般来说，屏蔽γ射线要用密度较大的物质，如铅、铁、混凝土、铅玻璃等；对于中子射线防护则要先用原子序数较小的物质，如水，石蜡、塑料等来屏蔽中子，再用原子序数较大的物质来屏蔽中子与物质作用产生的γ射线。

内照射防护

内照射就是放射性物质通过呼吸、食入等途径进入人体内，在体内对人体形成持续的照射。放射性物质进入人体的主要途径：吸入、食入、皮肤渗入和伤口进入。其中食入主要指饮料、食品等受到污染后进入体内，或被放射性物质经沾污的手触摸口、唇等进入口腔；吸入指被污染的放射性气体和气溶胶经呼吸进入体内；完好的皮肤是一个可以防止大部分放射性物质进入体内的有效天然屏障，但是，有些放射性蒸汽或液体能渗透过完好的皮肤进入人体；另外，当皮肤有伤口时，放射性物质可以通过伤口直接进入人体（图4.3）。

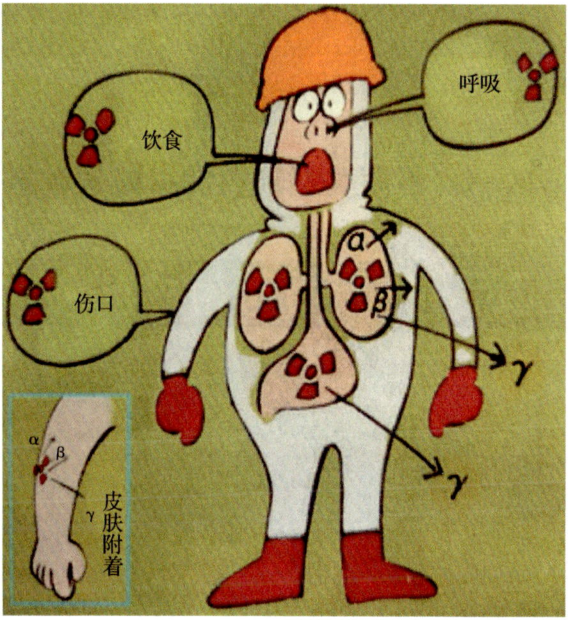

图4.3　放射性物质进入人体的主要途径

放射性物质进入人体后，正常情况下只有通过放射性物质自然衰变和人体的生理排泄（如呼气、大小便、出汗等）逐渐地减少。即使停止接触放射性物质后，已进入体内的放射性核素仍将继续产生照射，因此内照射的防护关键在于防止和减少放射性物质进入体内。

就个人防护而言，需要随地及时了解可能有内照射风险的区域，尽量地避免放射性物质进入人体。若确需进入进行这些区域实施某些操作时，需要做到：①确定这些区域内的设施和设备的设计满足严格的辐射防护要求并可熟练操作；②会正确地使用各类个人防护用具，如工作服、口罩、手套、呼吸保护装置等（图4.4）；③严格遵守现场规章制度；④做好相应的辐射防护检测。

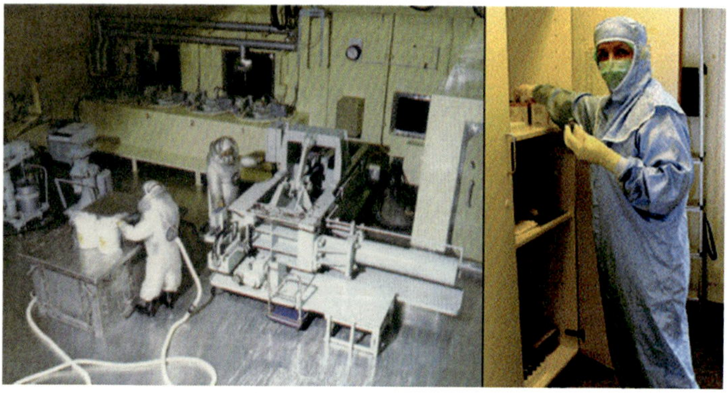

图4.4　各类个人防护用具

电离辐射标识和警告标识

人们在日常工作和生活中都会看到某些辐射标识，这些标识是全世界统一规定的，提醒我们留意和远离意外的辐射伤害（图4.5）。

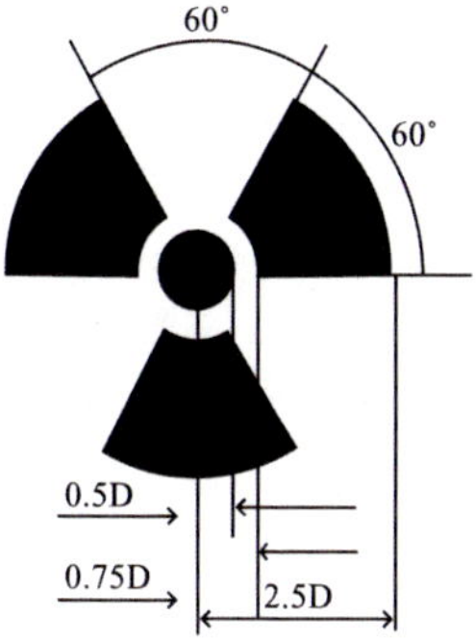

电离辐射标识

电离辐射警告标识

图4.5　电离辐射标识和警告标识

五、结束语

辐射是一把双刃剑，在给人类带来巨大福祉的同时，也带来一定的危害。我们应按照“辐射防护三原则”权衡判断。经过百余年的实践和努力，人类已积累了丰富的相关经验，建立了完善的防护体系和法规标准。我们应该树立科学的辐射安全观，正确对待辐射，既不扩大危害、无根据地谈核色变、害怕涉核，也不盲目“勇敢”、“担当”、忽视防护安全。

参考文献

[1] 联合国环境规划署. 辐射: 影响与源[M].中国辐射防护学会, 2016.

[2] 夏益华，陈凌. 高等电离辐射防护教程[M]. 哈尔滨: 哈尔滨工程大学出版社, 2010.

[3] 潘自强, 刘森林. 中国辐射水平[M]. 北京: 中国原子能出版社, 2010.

[4] 环境保护部核与辐射安全中心.核与辐射安全科普系列丛书之五——辐射防护[M].北京:中国原子能出版社, 2015.

[5] 中国核学会. “核”我探秘——我们身边的核科学技术[M].北京:中国原子能出版社, 2015.

[6] 环境保护部核与辐射安全中心.全国注册核安全工程师执业资格考试辅导教材——核安全综合知识[M].北京:中国原子能出版社, 2018.

[7] 朱国英，陈红红.电离辐射防护基础与应用[M].上海：上海交通大学出版社, 2016.

后　记

本书是核科技知识丛书系列之一，在编写过程中主要参考了联合国原子辐射影响科学委员会2016年出版物《辐射：影响与源》，在完成过程中得到潘自强院士的精心指导，受到国内学术界，特别是从事辐射防护的老师们的帮助，在此特别表示感谢。原子能院夏益华研究员、董柳灿研究员和谢建伦研究员对本书提出许多宝贵的修改意见；核科技馆同仁们对此书的出版提供了大力支持和帮助，其中彭立新、李臬雄和范淳钰同志就科普化方面提出许多建议。在此谨向他们表示诚挚的谢意！

由于作者学识所限，书中存在缺点和错误在所难免，敬请读者指正。